上海市工程建设规范

生态公益林养护标准

Standard for maintenance of non-commercial forest

DG/TJ 08—2096—2022
J 12047—2023

主编单位：上海市林业总站
批准部门：上海市住房和城乡建设管理委员会
施行日期：2023 年 6 月 1 日

U0348459

同济大学出版社

2023 上海

图书在版编目(CIP)数据

生态公益林养护标准 / 上海市林业总站主编. —上海：同济大学出版社，2023.5
ISBN 978-7-5765-0836-9

Ⅰ. ①生… Ⅱ. ①上… Ⅲ. ①公益林-森林保护-标准-上海 Ⅳ. ①S727.9-65

中国国家版本馆 CIP 数据核字(2023)第 080628 号

生态公益林养护标准

上海市林业总站　主编

责任编辑　朱　勇
责任校对　徐春莲
封面设计　陈益平

出版发行　同济大学出版社　　www.tongjipress.com.cn
　　　　　（地址：上海市四平路1239号　邮编：200092　电话：021-65985622）
经　　销　全国各地新华书店
印　　刷　浦江求真印务有限公司
开　　本　889mm×1194mm　1/32
印　　张　2.25
字　　数　60 000
版　　次　2023 年 5 月第 1 版
印　　次　2023 年 5 月第 1 次印刷
书　　号　ISBN 978-7-5765-0836-9
定　　价　25.00 元

上海市住房和城乡建设管理委员会文件

沪建标定〔2023〕19 号

上海市住房和城乡建设管理委员会
关于批准《生态公益林养护标准》
为上海市工程建设规范的通知

各有关单位：

由上海市林业总站主编的《生态公益林养护标准》，经我委审核，现批准为上海市工程建设规范，统一编号为 DG/TJ 08—2096—2022，自 2023 年 6 月 1 日起实施。原《生态公益林养护技术规程》DG/TJ 08—2096—2012 同时废止。

本标准由上海市住房和城乡建设管理委员会负责管理，上海市林业总站负责解释。

上海市住房和城乡建设管理委员会
2023 年 1 月 12 日

前　言

根据上海市住房和城乡建设管理委员会《关于印发〈2021 年上海市工程建设规范建筑标准设计编制计划〉的通知》（沪建标定〔2020〕771 号）的要求，由上海市林业总站会同有关单位组成标准编制组，经广泛调查研究，认真总结实践经验，参考有关标准，并在广泛征询意见的基础上，对上海市工程建设规范《生态公益林养护技术规程》DG/TJ 08—2096—2012 进行修订。

本次主要修订内容如下：

1. 新增了生态公益林经营类型划分。

2. 将原专项巡护调整为专业巡护。

3. 修订了日常养护中有关割灌除草、林内保洁、排涝、修枝、浇水、施肥、松土和生物多样性保护等方面的规定，调整了生态公益林养护质量标准。

4. 修订了林分抚育中有关抚育方法、作业设计、控制指标、作业施工和检查验收等方面的规定。

5. 将林地设施划分为林地基础设施和林地管护设施。

本标准的主要内容有：总则；术语；基本规定；林地巡护；日常养护；林分抚育；病虫害防治；林地设施维护；防灾减灾；养护档案。

各有关单位及相关人员在执行本标准过程中，如有意见或建议，请反馈至上海市绿化和市容管理局（地址：上海市胶州路768 号；邮编：200040；E-mail：kjxxc@lhsr. sh. gov. cn），上海市林业总站（地址：上海市沪太路 1053 弄 7 号；邮编：200072；E-mail：shlybzh@163. com），上海市建筑建材业市场管理总站（地址：上海市小木桥路 683 号；邮编：200032；E-mail：shgcbz@163. com），以供今后修订时参考。

主 编 单 位：上海市林业总站
参 编 单 位：华东师范大学
　　　　　　嘉定区林业站
　　　　　　崇明区林业站
主要起草人：彭　志　黄　丹　韩玉洁　盛全根　李　琦
　　　　　　杨储丰　潘士华　达良俊　宋　坤　陶　丹
　　　　　　薛春燕　吴　尧　冯　琛　龚小峰　刘腾艳
　　　　　　蒋丽秀　孙　文　张文文　刘璐璐　丁俊花
　　　　　　王宇峰　罗佳琦
主要审查人：沈烈英　俞莉萍　李明华　吴利荣　殷　杉
　　　　　　褚可龙　李晓东

　　　　　　　　　　　　上海市建筑建材业市场管理总站

目　次

Contents

1 总 则

1.0.1 为规范本市生态公益林养护管理，促进林业可持续发展，根据现行国家标准《森林抚育规程》GB/T 15781、《生态公益林建设导则》GB/T 18337.1 和现行上海市工程建设规范《生态公益林建设技术规程》DG/TJ 08—2058 等有关标准的要求并结合本市实际，制定本标准。

1.0.2 本标准适用于本市行政范围内享受生态补偿的生态公益林养护管理，其他公益林的养护管理可参照执行。

1.0.3 本标准鼓励新技术的应用。

1.0.4 生态公益林养护除应执行本标准外，尚应符合国家、行业和本市现行有关标准的规定。

2 术 语

2.0.1 生态公益林 non-commercial forest

以保护和改善人类生存环境、维护生态平衡、保存种质资源、科学实验、森林旅游、国土安全等公益性、社会性需要为主要经营目的的森林、林木、林地。

2.0.2 林分 stand

在树种组成、林层或林相、疏密度、年龄、起源等主要调查因子相同并与四周有明显区别的有林地。

2.0.3 割灌除草 brush cutting and weeding

清除妨碍林木、幼树、幼苗生长的灌木、藤条和杂草的养护措施。

2.0.4 修枝 pruning

又称人工整枝,人为地去除林木下部枯枝、病枝和多余的萌枝的养护措施。

2.0.5 浇水 irrigation

补充自然降水量不足,以满足林木生长发育对水分需求的养护措施。

2.0.6 施肥 fertilization

将肥料施于土壤中或林木上,以提供林木所需养分的养护措施。

2.0.7 生物多样性保护 biodiversity conservation

公益林养护过程中,避免破坏重要的生物栖息地,减少对野生动植物种群数量的影响,维持林地内物种多样性稳定的养护措施。

2.0.8 抚育采伐(间伐) intermediate cutting

根据林分发育、林木竞争和自然稀疏规律及森林培育目标,适时适量伐除部分林木,调整树种组成和林分密度,优化林分结构,改善林木生长环境条件,促进保留木生长,缩短培育周期的营林措施。

2.0.9 透光伐 release thinning

在林分郁闭后的幼龄林阶段,当目的树种林木受上层或侧方非目的树种压抑,高生长受到明显影响时进行的抚育采伐。

2.0.10 疏伐 ecological thinning

在林分郁闭后的幼龄林或中龄林阶段,当林木间关系从互助互利生长开始向互抑互害竞争转变后进行的抚育采伐。

2.0.11 生长伐 accretion cutting

在中龄林阶段,当林分胸径连年生长量明显下降,目标树或保留木生长受到明显影响时进行的抚育采伐。

2.0.12 卫生伐 sanitation cutting

在遭受自然或生物灾害的森林中以改善林分健康状况为目标进行的抚育采伐。选择性地伐除已被危害、丧失培育前途、难以恢复或危及目标树或保留木生长的林木。

2.0.13 补植 enrichment planting

在郁闭度低的林分,或林隙、林窗、林中空地等,或在缺少目的树种的林分中,在林冠下或林窗等处补植目的树种,调整树种结构和林分密度、提高林地生产力和生态功能的抚育方式。

2.0.14 人工促进天然更新 artificial promoted natural regeneration

通过松土除草、平茬或断根复壮、补植或补播、除蘖间苗等措施促进目的树种幼苗幼树生长发育的抚育方式。

2.0.15 目的树种 objective tree species

适合本地立地条件、能够稳定生长、符合经营目标的树种。

2.0.16 目标树 goal tree

在目的树种中,对林分稳定性和生产力发挥重要作用的长势好、质量优、寿命长、价值高,需要长期保留直到达到目标直径方可采伐利用的林木。

3 基本规定

3.0.1 根据生态公益林的工程类型、经营管理主体、空间分布、保护和发展等情况，将生态公益林经营类型分为生态保育、生态游憩和其他。

3.0.2 生态公益林养护应以保护森林资源和生物多样性，提高林分质量，促进林木健康生长为目标。

3.0.3 生态公益林权属主体应根据林分发育阶段、培育目标和森林群落生长发育与演替规律，及时实施林分抚育，维护林分、林木健康生长，发挥林地多种功能。

3.0.4 生态公益林项目竣工验收完成后，生态公益林权属主体应及时落实养护单位。

3.0.5 生态公益林养护质量应按照本标准附录 A 规定执行，养护单位应做好养护日志记录，养护日志可按照本标准附录 B.1 填写。

3.0.6 养护单位应制定农资、设备使用和保管以及作业安全制度和防灾减灾等预案。作业人员应按照制度要求，做好安全防范工作。

3.0.7 涉及重要水源地、重点野生动物栖息地、自然保护地及其他重要的生态公益林，应采用局部或定期封禁等措施实施重点管护。封禁期内必须在封禁区域周边设置明显标志，加强人工巡护。

4 林地巡护

4.1 日常巡护

4.1.1 日常巡护内容应包括巡查林木生长、环境卫生、基础设施等状况，以及对违章搭建、恶性杂草、化学除草剂使用、乱捕滥猎、乱砍滥伐、林地侵占等情况进行巡查。

4.1.2 日常巡护频度每周应不少于 3 次。

4.1.3 日常巡护应固定专门人员并按照巡护路线和内容开展。

4.1.4 发现林木生长异常、林地环境脏乱、基础设施损坏、违章搭建、恶性杂草丛生、使用化学除草剂等情况应及时上报并采取相应措施。

4.1.5 发现乱捕滥猎、乱砍滥伐、林地被侵占等情形，应及时处置并视需要上报林业管理部门和执法部门。

4.1.6 巡护人员应及时做好巡护日志记录，巡护日志可按照本标准附录 B.2 填写。

4.2 专业巡护

4.2.1 专业巡护内容应包括森林防火巡护、病虫害巡护、野生动植物保护及疫源疫病监测防控巡护、灾后灾情巡护和森林长期定位观测样地巡护等。

4.2.2 专业巡护频度应符合下列要求：

    1 森林防火巡护：每周巡护 1 次。防火期内每天巡护 1 次，清明、冬至、春节及重大活动期间重点区域应全天巡护。

    2 病虫害巡护：每年 3—10 月，每周不少于 2 次；其余时间每月不少于 1 次。

    3 野生动植物保护及疫源疫病监测防控巡护:非重点时期每周巡护 1 次,重点时期每天巡护 1 次。

    4 灾后灾情巡护:每次灾害发生后巡护。

    5 森林长期定位观测样地巡护:每月巡护 1 次。

4.2.3 发现有害生物危害、动物异常或死亡、森林火灾隐患、森林长期定位观测样地受损等情形,应及时处置并视需要上报林业管理部门和执法部门。

4.2.4 灾情发生后,应及时开展灾情巡护并逐级上报。

4.2.5 专业巡护应与日常巡护结合开展,制订巡护路线,并应做好巡护日志记录。

5 日常养护

5.1 割灌除草

5.1.1 除草应采用人工或机械方法,严禁使用化学除草剂。

5.1.2 林地内的加拿大一枝黄花、喜旱莲子草等恶性杂草及葎草等攀附、缠绕性强的藤本植物应及时清除。

5.1.3 新建成 5 年内的林地,杂灌、草高度不得影响林木生长。应对杂灌、草的高度进行控制,但不得导致土壤裸露。控灌、草应在旺盛生长前或进入休眠期后进行,控制季节可按照本标准附录 C 执行。

5.1.4 作业时,不得伤及林下自然更新的乔灌木幼苗及受保护的草本植物。

5.2 林内保洁

5.2.1 应及时清理林地内及周边垃圾和堆放物,保持林地整洁。

5.2.2 应及时清理林内水域漂浮物,保持水域清洁。

5.2.3 林内发现倾倒生活和建筑垃圾、渣土、淤泥等,应及时逐级上报并配合相关部门进行处置。

5.3 排 涝

5.3.1 应保持林地内沟渠畅通,及时修复破损沟渠,清理沟渠内杂草、杂物和淤泥等。

5.3.2 汛期及雨季前应提前做好沟渠清理,必须及时排除林地内积水。

5.4　修　枝

5.4.1　枯枝、病枝或影响防台、防火、交通的枝条应进行修剪。修枝季节应符合本标准附录 C 的规定。

5.4.2　幼龄林阶段修枝高度应低于树高的 1/3,中龄林阶段修枝高度应低于树高的 1/2,枝桩剪口应平整,避免树皮撕裂。

5.4.3　新建成 3 年内的林地,应每年剪去树干下部的多余萌枝。

5.4.4　根据电力设施保护的净空要求,应及时通过修枝控制高压线下乔木生长高度。

5.5　浇　水

5.5.1　高温或连续干旱,出现林木叶片萎缩、地面龟裂等情况时,应及时进行浇水,选择在早、晚进行,宜采用根浇和喷灌的方式,不宜采用漫灌,避免林地积水。

5.5.2　新建林地应适时进行补水,应采用节水措施,就近取水,严禁使用已污染的水源。

5.6　施　肥

5.6.1　珍贵树种、立地条件瘠薄或盐碱性较高等林地宜进行施肥,根据立地条件、树种确定肥料种类及用量。施肥可结合松土工作开展,作业季节应符合本标准附录 C 的规定。

5.6.2　使用肥料种类应为有机肥或复合肥,复垦地和盐碱地宜种植绿肥。水源涵养林和护岸林内严禁施用化肥。

5.6.3　应充分利用林地内凋落物和伐除的剩余物,处理后宜回覆林地。

5.7 松 土

5.7.1 林地出现土壤板结、地表返盐的情形时应进行松土,深度宜为 20 cm。

5.7.2 新建成的林地必要时可进行冬翻,深度宜为 10 cm~20 cm,深翻后林地应保持平整。

5.8 生物多样性保护

5.8.1 应保护野生动物的栖息地和动物廊道,应保留有鸟巢、兽穴及隐蔽地的林木。

5.8.2 应保留林下自然更新的乔灌木幼苗、幼树和本土植物。重点保护目的树种、珍贵树种幼苗和幼树、受保护的植物以及有较高利用价值的植物。

5.8.3 维护林地多样的生境条件,不破坏森林群落结构。在不影响其他树木生长的情况下,可保留林内一定数量的倒伏木。

6 林分抚育

6.1 总体要求

6.1.1 林分抚育的目标是改善森林的树种组成、林龄结构和空间分布等,提高林地生产力和林木生长量,培育健康稳定、优质高效的森林生态系统。

6.1.2 应根据森林发育阶段、培育目标和森林生态系统生长发育与演替规律,确定林分抚育方式。各种抚育方式适用条件应按照现行国家标准《森林抚育规程》GB/T 15781 执行。

6.1.3 应按照采劣留优、采弱留壮、采密留稀、强度合理、保护幼苗幼树及兼顾林木分布均匀的基本原则进行林分抚育。

6.1.4 抚育采伐作业应与具体采伐措施、林木分类(分级)要求相结合,避免对森林造成过度干扰。

6.2 抚育方法

6.2.1 抚育方法包括抚育采伐(透光伐、疏伐、生长伐、卫生伐)、补植、人工促进天然更新等。

6.2.2 应使用一种及以上组合的抚育方法;日常养护可作为综合抚育措施之一。

6.2.3 抚育采伐应根据林分发育、林木竞争和自然稀疏规律及森林培育目标选择相应的间伐方式,间伐季节应符合本标准附录 C 的规定。

6.2.4 补植树种必须遵循适地适树的原则,优先选择能与现有树种互利生长、耐阴的珍贵树种。

6.2.5 当林分中缺乏目的树种、目的树种更新株数占林分总更新株数的 50％以下或自然生长难以成林时，可采用人工促进天然更新。

6.3 作业设计

6.3.1 外业调查以上海市森林资源年度监测数据为基础，开展实地踏查，确定抚育作业区，选择符合抚育条件的地块，应采用布设样线或样地的抽样方法开展外业调查。主要调查因子包括造林基本概况、环境因子、林分因子等。各树种平均树高、平均胸径采用每木调查实测后进行计算。样地（样线）调查的格式、内容等应符合本标准附录 D 中表 D.1～表 D.4 的规定。

6.3.2 作业设计应包括下列内容：

   1 采取目标树经营作业体系的作业设计，应进行树种和林木分类；采取常规人工林抚育作业体系的作业设计，应进行林木分级。

   2 抚育方法：对于透光伐、疏伐、生长伐、卫生伐等抚育方式，应明确保留木、采伐木，确定具体的号木方法。补植应明确树种种类、数量、规格、种植方式和密度。人工促进天然更新应明确综合的促进更新的技术措施。

   3 基础设施和辅助设施应包括必要的沟渠、道路、水系、辅助设施等。

6.3.3 作业设计文件应由作业设计说明书、调查设计表、作业设计图和投资概算组成。

6.3.4 抚育作业设计应经区级林业主管部门批复，并报市级林业主管部门备案。

6.4 控制指标

6.4.1 抚育采伐应符合下列规定：

1 采取透光伐、疏伐和生长伐的林分,采伐后郁闭度应不低于 0.6;采取卫生伐的林分,采伐后郁闭度应保持在 0.5 以上。严重受灾的,采伐后郁闭度在 0.5 以下,应进行补植。

2 透光伐、疏伐和生长伐一次间伐郁闭度降低不得超过 0.2。

3 采取透光伐、疏伐和生长伐的林分,抚育后目的树种平均胸径不得低于伐前平均胸径。采取卫生伐的林分,抚育后应无受林业检疫性有害生物及林业补充检疫性有害生物危害的林木。

4 透光伐、疏伐、生长伐间隔期宜为 5 年以上。

6.4.2 补植应符合下列规定:

1 经过补植后,整个林分中没有半径大于主林层平均高 1/2 的林窗。

2 生态保育型补植的苗木胸径≤3 cm,提倡使用容器苗。生态游憩型补植的苗木胸径≤12 cm。

3 补植苗木成活率应达到 95% 以上,保存率应达到 90% 以上。

6.4.3 人工促进天然更新应符合下列规定:

1 林分主要组成树种为目的树种。

2 目的树种幼苗幼树生长发育不受灌草干扰。

3 目的树种幼苗幼树占幼苗幼树总株数的 50% 以上。

6.5 作业施工

6.5.1 抚育措施和设施建设应严格按作业设计施工,采伐严格按号木进行,伐桩离地面应不超过 10 cm。

6.5.2 采伐方式和倒向应有利于保护其他林木和幼树,采伐木倒下时应避开目标树和林下更新的幼苗。

6.5.3 采伐后应及时将可利用的木材运走;采伐剩余物有条件时,可粉碎后平铺在林内;对于受病虫害危害的林木和采伐剩余物,应集中作无害化处理。

6.6 检查验收

6.6.1 检查验收依据为批准的作业设计文件、有关项目的管理文件和施工过程中产生的材料等。

6.6.2 检查验收包括两个步骤：

1 号木验收：根据作业设计完成号木后，由区林业主管部门对号木进行验收，验收合格方可进行采伐。

2 项目验收：严格按照相关管理程序，在完成自查的前提下，由抚育作业设计批复部门组织进行项目验收。

6.6.3 验收标准应符合下列要求：

1 作业小班数量≤30个，抽样数量≥5个（5个以下全查）；作业小班数量>30个，抽样数量≥小班数的15%。号木验收总抽样面积>项目总面积的20%，项目验收总抽样面积>项目总面积的5%。

2 号木验收以林地小班为单位进行实地抽样检查，并填写本标准附录表D.4。错号率>15%，则所在小班号木不合格。抚育项目中出现3个及以上的小班号木不合格，则该项目号木验收不通过，应重新号木并验收。

3 项目验收结果采取百分制，总分达到85分为合格，检查验收标准可按照本标准附录表D.5执行。其中，出现无证采伐，或越界采伐，或改变抚育方式，或伐除2株及以上应保留木等现象的，即判定为不合格作业区。

7 病虫害防治

7.0.1 病虫害防治应在林业技术部门的指导下开展。病虫害防控季节应符合本标准附录 C 的规定。

7.0.2 林地内发现检疫性有害生物时，必须在 24 h 内向当地林业检疫部门报告，必须配合相关部门做好疫情扑灭和除治工作。

7.0.3 应保持林地卫生，及时清理病弱木和枯死木，减少病原。

7.0.4 使用农药时，应选用生物农药或高效、低毒、低残留化学农药，并按有关操作规定执行。病虫害防治作业方式应按本标准附录 E 执行。

7.0.5 宜采取人工防治、物理防治和生物防治等综合防治措施。

8 林地设施维护

8.1 林地基础设施

8.1.1 道路、桥梁、河坡(堤)、垄沟、沟渠破损或沉降,应及时修补或维护。

8.1.2 排灌设施应定期全面检修,清除周边杂物,发现设备破损及时维修。汛期前,应对垄沟、沟渠等渠道进行全面清理和维护。

8.1.3 隔离网、标识牌、涵洞和人行便桥等配套设施破损应及时维修,发现缺失及时上报、更换。

8.1.4 基础设施维护应符合相关标准的规定,维护季节应符合本标准附录 C 的规定。

8.2 林地管护设施

8.2.1 林地管护设施包括直接用于林业管理养护的道班房、管理用房、物资储备库、微型消防站、泵房、枝条粉碎场、动植物病虫害监测防控设施及配套场地等。

8.2.2 管护设施应定期全面检修,清除周边杂物,落实防盗措施,发现设备破损及时上报、维修。

8.2.3 林地管护设施维护应按需求有计划地逐年分项实施,维护季节应符合本标准附录 C 的规定。

9 防灾减灾

9.1 防 火

9.1.1 森林防火期内,林内及林缘严禁使用明火。特殊情况确需用火的,必须经区级人民政府或者区级人民政府授权的机关批准,并按照要求采取防火措施,严防失火。

9.1.2 林内应适当设置森林防火警示宣传标志,消除森林火灾隐患。

9.1.3 林内应设置必要的消防道路,并确保完好畅通。

9.1.4 发现森林火灾隐患应及时处置,发现火情应及时报警,并同步报告当地林业主管部门和应急管理部门,在确保自身安全前提下采取措施防止火情蔓延。

9.1.5 森林火灾发生后,应及时清理林地,并适时更新造林。

9.2 防 风

9.2.1 风灾前,应根据实际需要,对林木采取培土、加固、疏枝等防护措施。

9.2.2 风灾过后,应及时采取补救措施,林地清障,疏通道路,清理沟渠排出积水,扶正风倒木,修剪风折枝,适时补植。

9.3 防 冻

9.3.1 在冻害来临之前,应根据实际情况采取包扎、覆膜、培土等防冻措施。

9.3.2 雪灾发生后,应及时除去植株上的积雪,扶正倾斜、倒伏的林木,修除压折枝条。

10 养护档案

10.0.1 养护单位应建立养护档案,档案记录完整清晰,按年度整理归档。

10.0.2 档案内容应包括公益林养护合同、林地及林木基础资料、林地抚育资料、养护工作计划、巡护日志、养护日志、安全生产活动记录和养护考核结果等。

10.0.3 应建立林地养护电子档案,所有文件均实行纸质材料和电子文件双项归档。同时保存统计汇总表的原始电子表格,以及保存原始制图数据和文件。

10.0.4 林分抚育涉及的调查资料、作业设计文件、审批文件等资料应归档并永久保存,并作为下一次抚育设计的主要依据。

附录 A 生态公益林养护质量标准

表 A 生态公益林养护质量标准

养护内容 \ 年限、等级	(1～5 年)			(6～14 年)			(15 年以上)		
	一	二	三	一	二	三	一	二	三
林相结构	1～3 年林木保存率完好	1～3 年林木保存率≥90%		群落结构合理，层次分明	群落结构合理，层次分明	群落结构较合理，层次分明	群落结构合理，层次分明	群落结构合理，层次分明	群落结构较合理，层次分明
	4～5 年林分郁闭度≥0.4	4～5 年林分郁闭度＜0.4		林分郁闭度保持在 0.4～0.7	林分郁闭度＜0.4		林下更新层保存较好	林下更新层保存较好	具备林下更新层
	林地内受灾木所占比例≤3%	林地内受灾木所占比例＞3%		林地内受灾木所占比例≤3%	林地内受灾木所占比例＞3%		林分郁闭度≥0.7	林分郁闭度≥0.7	林分郁闭度＜0.7
							林地内受灾木所占比例≤3%	林地内受灾木所占比例≤3%	林地内受灾木所占比例＞3%
林木生长	林木生长发育良好，树体树形正常，枝叶繁茂，叶色正常	林木生长发育较好，树体树形基本正常，枝叶稀疏，叶色不正常		林木生长发育良好，树体树形正常，枝叶繁茂，叶色正常	林木生长发育较好，树体树形基本正常，枝叶稀疏，叶色不正常		林木生长发育良好，树体树形正常，枝叶繁茂，叶色正常	林木生长发育良好，树体树形正常，枝叶繁茂，叶色正常	林木生长发育较好，树体树形基本正常，枝叶稀疏，叶色不正常
未使用除草剂和捕鸟网等猎捕工具									

续表A

养护内容 \ 年限、等级	(1~5年) 一	(1~5年) 二	(6~14年) 一	(6~14年) 二	(15年以上) 一	(15年以上) 二
林内保洁	林地环境整洁，无违章搭建，乱种养（套种面积≥10%），乱堆放等"三乱"现象	林地环境脏乱，存在违章搭建，乱种养（套种面积≥10%），乱堆放等"三乱"现象	林地环境整洁，无违章搭建，乱种养（套种面积≥10%），乱堆放等"三乱"现象	林地环境脏乱，存在违章搭建，乱种养（套种面积≥10%），乱堆放等"三乱"现象	林地环境整洁，无违章搭建，乱种养（套种面积≥10%），乱堆放等"三乱"现象	林地环境脏乱，存在违章搭建，乱种养（套种面积≥10%），乱堆放等"三乱"现象
道路和沟渠	道路和沟渠等管护设施完好且畅通	道路和沟渠等管护设施基本完整，沟渠基本畅通	道路和沟渠等管护设施完好且畅通	道路和沟渠等管护设施基本完整，沟渠基本畅通	道路和沟渠等管护设施完好且畅通	道路和沟渠等管护设施基本完整，沟渠基本畅通
	无倾倒垃圾、淤泥，无倒伏木、枯死木					
	暴雨后积水及时排出					
病虫害防治	病虫危害面积<5%；重度危害面积<3.00‰	病虫危害面积<10%；重度危害面积<3.50‰	病虫危害面积<5%；重度危害面积<4.00‰	病虫危害面积<15%；重度危害面积<4.50‰	病虫危害面积<5%；重度危害面积<4.00‰	病虫危害面积<15%；重度危害面积<4.50‰
	无检疫性病虫疫情，无病虫灾害暴发					

续表A

养护内容 \ 年限、等级	(1~5年) 一	(1~5年) 二	(6~14年) 一	(6~14年) 二	(15年以上) 一	(15年以上) 二
杂灌、草控制	无恶性杂草及影响林木正常生长的藤本植物；一般杂灌、草高度不影响林木生长	一般杂灌、草高度影响林木生长	无恶性杂草及影响林木正常生长的藤本植物	存在恶性杂草及影响林木正常生长的藤本植物	无恶性杂草及影响林木正常生长的藤本植物	存在恶性杂草及影响林木正常生长的藤本植物
防灾减灾	防灾减灾预案详细完整,处置及时	防灾减灾预案较完整,处置及时	防灾减灾预案详细完整,处置及时	防灾减灾预案较完整,处置及时	防灾减灾预案详细完整,处置及时	防灾减灾预案较完整,处置及时
	林地内无火火灾隐患					
档案管理	档案记录完整清晰,按年度归档,保存完好					

附录 B 上海市生态公益林养护和巡护日志

附录 B.1 上海市生态公益林养护日志

上海市生态公益林

年度

养护日志

养护单位：

记录人：

上海市林业总站制定

林地小班号：

林地位置：

养护林地位置

贴图处

日期	养护要求	作业结果

附录 B.2 上海市生态公益林巡护日志

上海市生态公益林

巡护日志

巡护日期

年　　　月　　　日起
年　　　月　　　日止

养护单位：

上海市林业总站制定

（扉页 1）
　　林地小班号：

　　林地位置：

林地位置及巡护路线图

　贴图处

林地巡护事项

1. 林地巡护内容

日常巡护：包括林木生长、环境卫生、基础设施，以及是否存在违章搭建、恶性杂草、化学除草剂使用、乱捕滥猎、乱砍滥伐、林地侵占等。

专业巡护：包括森林防火巡护、病虫害巡护、野生动植物保护及疫源疫病监测防控巡护、灾后灾情巡护和森林长期定位观测样地巡护等。

2. 林地巡护频度

（1）日常巡护

每周巡护不少于 3 次。

（2）专业巡护

防火巡护：每周巡护 1 次。防火期内每天巡护 1 次，清明、冬至及春节及重大活动期间重点区域应全天巡护。

病虫害巡护：每年 3—10 月，每周不少于 2 次，其余时间每月不少于 1 次。

野生动植物保护及疫源疫病监测防控巡护：非重点时期每周巡护 1 次，重点时期每天巡护 1 次。

灾后灾情巡护：每次灾害发生后巡护。

森林长期定位观测样地巡护：每月巡护 1 次。

3. 情况处置

巡护中发现林木生长异常、林地环境脏乱、基础设施损坏、违章搭建、恶性杂草丛生、使用化学除草剂等应及时报告，养护单位采取相应措施。

巡护中发现乱捕滥猎、乱砍滥伐、林地被侵占、有害生物危害、动物异常或死亡、森林火灾隐患、森林长期定位观测样地受损等情形，应及时处置并视需要上报林业管理部门和执法部门。

4. 巡护要求

巡护工作实行全覆盖,养护单位应固定专门人员,按照巡护路线和内容开展。

每次巡护工作结束后,巡护人员应及时做好巡护记录。

月	日	巡护情况	处理建议	巡护员

附录 C 上海市生态公益林主要养护工作月历

表 C 上海市生态公益林主要养护工作月历

月份 内容	1	2	3	4	5	6	7	8	9	10	11	12	备注
割灌除草			√	√	√	√	√	√	√	√			全年控草次数不少于 4 次
林地巡护	√	√	√	√	√	√	√	√	√	√	√	√	—
施肥	√	√			√					√	√	√	—
病虫害防治			√	√	√	√	√	√	√	√			全年预防次数不少于 3 次
修枝			√	√								√	—
间伐	√	√	√	√								√	—
补植	√	√	√	√								√	—
防风						√	√	√	√				—
防火	√	√	√	√					√	√	√	√	每周巡护不少于 1 次
防冻	√	√									√	√	—
设施维护和管理	√	√	√	√	√	√	√	√	√	√	√	√	每年不少于 1 次

附录 D　生态公益林抚育外业调查表

外业抽样方法:小班面积小于 20 亩的采用样线法进行外业调查,选取小班的最长端布设样线,每木调查样线两侧各 5 m 范围的林木(起测胸径为 5 cm),调查分析林分的基本情况,小班内林木小于 30 株的全测。小班面积≥20 亩,选择具有典型性的地块,采用随机布设样地的方式进行外业调查,每个样地面积不小于 1 亩。20 亩≤小班面积<50 亩的,最少设置 1 个样地;50 亩≤小班面积<100 亩的,设置 2 个以上样地;小班面积≥100 亩的,设置 3 个以上样地。

表 D.1　生态公益林抚育小班外业调查汇总表

序号	乡镇	村	小班号	面积(亩)	造林时间	林分发育阶段	地势	林种	主要树种	林下植被	平均胸径	平均树高	株树	密度	郁闭度	蓄积量	主要问题

调查人员:　　　　　　　　　　　　　　　　　　　　　调查日期:

表 D.2　生态公益林抚育小班样地(样线)每木调查表

____镇(乡、街道)____村____小班　样地(线)号____　样地面积____或样线长度____

编号	树种	胸径	树高	林分分类(分级)	备注

调查人员：　　　　　　　　　　　　调查日期：　　　年　月　日

表 D.3 间伐小班样地(样线)每木调查汇总表

___镇(乡、街道)___村___小班 样地(线)号___ 样地总面积___或样线总长度___

树种												
径阶	保留木		采伐木		保留木		采伐木		保留木		采伐木	
	株数	材积	株数	材积	株数	材积	株数	材积	株数	材积	株数	材积
6												
8												
10												
12												
14												
16												
18												
20												
22												
24												
26												
28												
30												
32												
34												
36												
38												
40												
42												
44												
45												
合计												
平均直径												
平均树高												
每公顷蓄积												

计算: 检查: 年 月 日

表 D.4 抚育号木质量检查验收表

___区___镇(乡、街道)___村___小班

类型	编号	树种	胸径(cm)	采伐原由	是否合理	不合理原因
已号木						
未号木					否	
					否	
					否	
					否	
					否	
					否	
					否	
					否	
					否	

已号木数:__个;错号数:__个;未号木数:__个;错号率:__%

注:1. 未号木为小班内应号而未号的林木。

2. 错号率=(错号数+未号木数)/已号木数。

3. 错号率高于 15%,则所在小班号木不合格。抚育项目中出现 3 个及以上的小班号木不合格,则该项目号木验收不通过,应重新进行号木再进行验收。

4. 号木结果与"6.4 控制指标"要求不符的,号木验收不合格。

检查验收人:　　　　　　填表时间:

表 D.5 抚育作业质量检查标准

___区___镇(乡、街道)___村___小班

检查项目		标准分	检查方法及评分标准	得分
总分		100		
作业质量	抚育方式	10	符合作业设计的得满分;改变作业方式的,为不合格作业区	
	作业面积	10	小于作业设计面积5%以上的,不得分;越界作业的,为不合格作业区	
	应采伐未采伐	10	应采伐木漏采1株扣2分	
	采伐保留木	20	每采1株扣10分;超过2株的,为不合格作业区	
	郁闭度	10	符合调查设计要求的,得满分;否则,不得分	
	补植	10	树种与作业设计相符;苗木质量较好;规格与作业设计相符;密度与作业设计相符;补植位置正确	
	伐桩	5	高于10 cm,每个扣1分	
	树种组成	5	符合作业设计得满分,否则不得分	
	平均胸径	5	允许误差5%;每超过±1%扣1分	
	集材	5	幼苗、幼树损伤率超过调查采伐面积中幼苗、幼树总株数30%的,不得分	
作业区清理	随集随清	5	采伐剩余物清理符合要求的,得满分;不符合要求的,扣5分。采伐剩余物不清理,或有病菌和虫害的剩余物未按要求处理的,不得分	
环境影响	场地卫生	5	现场有垃圾、废弃物未清理的,不得分	

注:满分100分,总分低于85分为不合格

检查验收人:　　　　　　　复核人:　　　　　　　填表时间:

附录 E 上海市生态公益林主要病虫害防治月历

表 E 上海市生态公益林主要病虫害防治月历

月份	病虫名称	防治时间	防治方法	防治虫态	备注
1 月	—	—	—	—	冬季调查、清园等林间管理
2 月	—	—	—	—	
3 月	黄杨绢野螟	3 月	药剂	幼虫	—
	白粉病	3 月	药剂	—	病害
4 月	柿广翅蜡蝉	4 月中旬—6 月上旬	药剂	若虫	—
	水杉赤枯病	4 月上旬—5 月下旬	药剂	初期预防	—
	星天牛	4 月	生物	蛹	—
	云斑天牛	4 月中旬—5 月	药剂、人工	成虫	—
	日本壶蚧	4 月下旬—5 月上旬	药剂	若虫	—
5 月	茶尺蠖	5 月	药剂	幼虫	—
	杨树锈病	5 月中旬	药剂	—	早春预防为主
	黄杨绢野螟	5 月下旬—6 月下旬	药剂	幼虫	—
	水杉叶螨	5 月中下旬	药剂	—	—
	星天牛	5 月—8 月	药剂、人工	成虫	—
	美国白蛾	5 月下旬—6 月中旬	药剂、人工	幼虫	—
6 月	樟巢螟	6 月下旬—7 月上旬	药剂、人工	幼虫"二叶期"	—
	星天牛	6 月—8 月	药剂	幼虫	—

续表E

月份	病虫名称	防治时间	防治方法	防治虫态	备注
6月	桑天牛	6月下旬—7月中旬	药剂、人工	成虫	—
	刺蛾	6月下旬—7月上旬	药剂	幼虫	—
	水杉赤枯病	6月—8月	药剂	—	发病高峰
	红蜡蚧	6月上旬—7月上旬	药剂	若虫	—
7月	美国白蛾	7月中旬—8月上旬	药剂、人工	若虫	—
	黄杨绢野螟	7月上旬—8月上旬	药剂	幼虫	—
	杨树舟蛾	7月中旬—8月	药剂	幼虫	严重危害期
	重阳木锦斑蛾	7月上中旬	药剂	幼虫	—
8月	刺蛾	8月中下旬	药剂	幼虫	
	樟巢螟	8月—9月	药剂、人工	幼虫	
	重阳木锦斑蛾	8月中下旬	药剂	幼虫	
	柿广翅蜡蝉	8月—9月	药剂	若虫	
9月	美国白蛾	9月—10月上旬	药剂、人工	幼虫	
10月	—	—	—	—	
11月	—	—	—	—	冬季调查、清园等林间管理
12月	—	—	—	—	

注:对无有效控制方法的病虫害危害植株,可采取截杆或挖除等控制措施。

本标准用词说明

1 为便于在执行本标准条文时区别对待,对要求严格程度不同的用词说明如下:

1)表示很严格,非这样做不可的用词:

正面词采用"必须";

反面词采用"严禁"。

2)表示严格,在正常情况下均应这样做的用词:

正面词采用"应";

反面词采用"不应"或"不得"。

3)表示允许稍有选择,在条件许可时,首先应这样做的用词:

正面词采用"宜"或"可";

反面词采用"不宜"。

4)表示有选择,在一定条件下可以这样做的用词,采用"可"。

2 本标准中指定应按其他有关标准、规范执行时,用语为"应符合……的规定",或"应按……执行"。

引用标准名录

1 《造林技术规程》GB/T 15776
2 《森林抚育规程》GB/T 15781
3 《森林资源规划设计调查技术规程》GB/T 26424
4 《生态公益林建设导则》GB/T 18337.1
5 《生态公益林建设技术规程》DG/TJ 08—2058

上海市工程建设规范

生态公益林养护标准

DG/TJ 08—2096—2022

J 12047—2023

条 文 说 明

2023 上海

目 次

Contents

1 总 则

1.0.1 2008 年 1 月,原上海市绿化管理局组织编写了《上海市公益林养护技术规程(试行)》,并于 2009 年 8 月由上海市绿化和市容管理局印发到各区县林业主管部门。2014 年 4 月,经上海市城乡建设和交通委员会批准,《公益林养护技术规程》DG/TJ 08—2096—2012 作为地方标准出台,并用于指导全市生态公益林的养护工作。2015 年 7 月,为完善全国森林抚育作业与经营管理,国家林业局颁布了《森林抚育规程》GB/T 15781—2015,规定了林木的分类和分级、森林抚育的适用条件、控制指标、生物多样性保护、作业设计、作业施工和检查验收与档案管理等基本要求与内容。由于上海城市森林的特殊性,我市提倡生态公益林的精细化养护,较外省市有较大不同,国家标准中的技术指标无法直接满足上海个性化要求,因而有必要根据上海生态公益林特点制定相应地方标准。

4 林地巡护

4.2 专业巡护

4.2.2 因巡护内容和要求不同,专业巡护频度也不同。

1 森林防火巡护:日常要求每周巡护 1 次。在清明、冬至、春节期间,国人有在墓地等烧香祭祀先人习俗和燃放烟花庆祝节日的传统,易引发森林火灾,因此需要全天候进行巡护,主要检查林下可燃物情况、林地及林缘用火情况。

3 野生动植物保护及疫源疫病监测防控巡护:上海市陆生野生动物疫源疫病监测工作的重点时期为 1 月、2 月、4 月、8 月 20 日至 9 月 30 日、11 月、12 月,重点时期每天巡护 1 次。

5 森林长期定位观测样地巡护:为实现对森林生态系统结构和功能等动态过程的长期观测研究,追踪林分生长状况及林下植被更新情况,探明人工林群落的演替规律,上海市、区两级林业部门依据国标和林业行标在全市建立森林长期定位观测样地,要求每月巡护 1 次,避免人为干扰,保证样地完好。

4.2.5 制订相对固定的巡护路线,目的是实现巡护工作的全覆盖,不留巡护死角。固定路线还能及时对巡护前后情况进行比较,可以及时发现林地的异常情况。

5 日常养护

5.1 割灌除草

5.1.1 化学除草剂在林地中使用,除对目标杂灌、草进行清除外,还可能会对林地需要保留的地被植物及林下自然更新的乔灌木植被造成破坏,故提出林地禁止使用化学除草剂。

5.1.2 恶性杂草及影响林木正常生长的藤本植物如不及时清除,可导致影响树木生长、破坏林地景观;恶性杂草由于自身生长的快速性、繁殖能力强和蔓延能力强的特点,具有排挤其他植物,使森林群落物种单一化,造成森林结构脆弱的危害。适度保留和控制林地杂灌、草在内的地被物是保护森林完整结构的重要措施,可增加森林植物多样性,为提高森林生物多样性创造条件。

5.1.3 割除的杂灌、草如堆积在林内,存在火灾隐患,应及时搬移出林地。提倡就地加以利用,将割除的杂灌、草加以粉碎,作为肥料铺撒于林内。

5.1.4 上海市生态公益林全部为人工林,森林群落稳定性还未形成。森林群落自然演替是森林群落稳定的一个重要过程,林下乔灌木植被自然更新是森林自然演替的基本表现形式。保护林下乔灌木植被,对增强人工林林地自我更新能力,增加林地生物多样性和森林稳定性,提高林地生态功能非常重要。

5.4 修 枝

5.4.3 新建成 3 年内的萌芽能力强的林木树干,下部会出现很多的萌枝,这些萌枝会大量消耗养分,不利于林木生长,要及时剪除。

5.4.4 各级电压导线的边线延伸距离范围内,应确保导线与林木之间的安全距离的要求(详见表 1)。

表 1 相关架空电线控制指标统计

导线电压	边线延伸距离	导线电压	导线与树木之间的安全距离
1 kV~10 kV	5 m	35 kV~110 kV	4.0 m
35 kV~110 kV	10 m	154 kV~220 kV	4.5 m
154 kV~330 kV	15 m	330 kV	5.5 m
500 kV	20 m	500 kV	7.0 m

注:引自《电力设施保护条例》和《电力设施保护条例及实施细则》。

5.6 施 肥

5.6.2 水源涵养林主要是保护饮用水水源安全。水源涵养林施用化肥后,化肥中氮、磷、钾等植物营养元素不能完全被植物吸收,其剩余部分会通过径流、渗透等方式流入水体,会引起水体富营养污染,影响饮用水安全,故规定水源涵养林内禁止施用化肥。

5.6.3 林地内凋落物和伐除的剩余物是土壤肥力的重要来源。

5.7 松 土

5.7.1 松土作业的目的是克服土壤板结,改善土壤的通气性,促进根系生长,确保林地生长环境良好。幼林地(造林 1 年—5 年内)开展松土,主要是促进幼林快速、健康生长。

5.7.2 幼林地冬翻的目的是控制病虫害发生,为幼林生长创造良好的立地条件。

5.8 生物多样性保护

5.8.1 保护林地内原有野生动物的栖息地与通道,构建野生动物生存的空间。

6 林分抚育

6.1 总体要求

6.1.1 健康稳定、优质高效的森林生态系统是指林分结构合理的异龄复层混交林,生物多样性丰富,具备良好的自我更新能力、对干扰的抵抗力和自我恢复能力,在维持森林生态系统稳定性的同时,能充分发挥森林多种功能的森林生态系统。

6.2 抚育方法

6.2.1 幼龄林宜用透光伐和疏伐,中龄林宜用疏伐和生长伐,近熟林和复层林宜用人工促进天然更新,受自然或病虫害危害的林分应采用卫生伐。

在幼龄林阶段,当目的树种林木上方或侧上方严重遮阴,并妨碍目的树种高生长时,进行透光伐。在幼龄林或中龄林阶段,当同龄林的林分密度过大、郁闭度大于 0.8 时,进行疏伐。在中龄林阶段,当需要调整林分密度和树种组成,促进目的树或保留木径向生长时,进行生长伐。生长伐应满足下述 2 个条件之一:①立地条件良好、郁闭度 0.8 以上或复层林上层郁闭度 0.7 以上;②林木胸径连年生长量显著下降,枯死木、濒死木数量超过林木总数 15% 的林分。符合条件②的,应与补植同时进行。发生检疫性林业有害生物,或遭受森林火灾、林业有害生物、风折雪压、干旱等自然灾害危害,且受害株数占林木总株数 10% 以上时,进行卫生伐。

补植应满足下述条件之一:①林分郁闭成林后的第一个龄

级,幼苗幼树保存率小于80%;②郁闭成林后的第二个龄级及以后各龄级,郁闭度小于0.5;③卫生伐后,郁闭度小于0.5;④含有大于25 m² 林中空地;⑤立地条件良好、符合森林培育目标的目的树种株数少。

6.2.4 适宜上海种植耐阴的珍贵树种主要选择地带性的樟科、壳斗科和榆科等幼苗耐阴的树种,具体种类可参照表2。

表2　上海主要栽培珍贵树种推荐名录

序号	树种名	科名	生态习性
1	青冈栎(青冈) *Cyclobalanopsis glauca*	壳斗科 Fagaceae	喜温暖、喜光;耐干旱、瘠薄
2	小叶青冈 *Cyclobalanopsis myrsinifolia*	壳斗科 Fagaceae	中性喜光,幼年稍耐阴,能在岩缝中生长
3	楠木(桢楠) *Phoebe zhennan*	樟科 Lauraceae	喜湿耐阴
4	闽楠 *Phoebe bournei*	樟科 Lauraceae	喜湿耐阴,能耐间歇性的短期水浸
5	浙江楠 *Phoebe chekiangensis*	樟科 Lauraceae	耐阴、深根性;抗风
6	红楠 *Machilus thunbergii*	樟科 Lauraceae	喜温暖至高温,生长较快
7	刨花润楠 *Machilus pauhoi*	樟科 Lauraceae	深根性偏阴树种,幼年喜阴耐湿,幼中年喜光喜湿,生长迅速
8	樟(香樟) *Cinnamomum camphora*	樟科 Lauraceae	喜温暖、喜光;稍耐阴,不耐干旱、瘠薄,忌水淹
9	天竺桂 *Cinnamomum japonicum*	樟科 Lauraceae	幼时耐阴,深根性;生长势强,适应性强,耐瘠薄
10	花榈木 *Ormosia henryi*	豆科 Leguminosae	喜温暖湿润,忌干燥

序号	树种名	科名	生态习性
11	红豆树 *Ormosia hosiei*	豆科 Leguminosae	为所在属中分布于纬度最北地区的种类,较为耐寒
12	醉香含笑(火力楠) *Michelia macclurei*	木兰科 Magnoliaceae	喜温暖湿润,喜光稍耐阴,耐旱耐瘠,耐寒性较强
13	木莲 *Manglietia fordiana*	木兰科 Magnoliaceae	喜温暖湿润,幼年耐阴,长大后喜光
14	乳源木莲 *Manglietia yuyuanensis*	木兰科 Magnoliaceae	喜温暖湿润,偏阴性,幼树耐阴
15	五角枫 *Acer pictum. subsp. mono*	槭树科 Aceraceae	稍耐阴,深根性,喜湿润、肥沃土壤
16	元宝槭(元宝枫) *Acer truncatum*	槭树科 Aceraceae	根系发达,抗风力较强,喜深厚肥沃土壤;对二氧化硫、氟化氢的抗性较强
17	黄连木 *Pistacia chinensis*	漆树科 Anacardiaceae	喜温暖,喜光,畏严寒;耐干旱、瘠薄,抗风力强,抗有毒气体
18	南酸枣 *Choerospondias axillaris*	漆树科 Anacardiaceae	喜温暖湿润,喜光;不耐寒,不耐水淹和盐碱
19	楸树 *Catalpa bungei*	紫葳科 Bignoniaceae	喜光,喜温暖湿润;不耐寒冷,抗有毒气体
20	连香树 *Cercidiphyllum japonicum*	连香树科 Cercidiphyllaceae	深根性,抗风,耐湿
21	光皮梾木(光皮树) *Swida wilsoniana*	山茱萸科 Cornaceae	喜光,耐寒,喜深厚、肥沃而湿润的土壤
22	毛梾 *Swida walteri*	山茱萸科 Cornaceae	较喜光,深根性,对土壤要求不严

序号	树种名	科名	生态习性
23	君迁子 *Diospyros lotus*	柿科 Ebenaceae	耐寒,耐干旱,瘠薄,很耐湿,抗污染,深根性
24	杜仲 *Eucommia ulmoides*	杜仲科 Eucommiaceae	喜温暖,喜光,耐寒
25	麻栎 *Quercus acutissima*	壳斗科 Fagaceae	喜光,耐干旱、瘠薄,抗风能力强
26	槲栎 *Quercus aliena*	壳斗科 Fagaceae	幼时耐阴,深根性,适应性强,耐瘠薄
27	白栎 *Quercus fabri*	壳斗科 Fagaceae	喜光,喜温暖;耐干旱、瘠薄;抗污染、抗尘土、抗风能力都较强
28	栓皮栎 *Quercus variabilis*	壳斗科 Fagaceae	喜光,幼时耐阴,深根性;适应性强,抗风、抗旱、耐火、耐瘠薄
29	黄檀 *Dalbergia hupeana*	豆科 Leguminosae	喜光、耐干旱、瘠薄,深根性,具根瘤,能固氮
30	香椿 *Toona sinensis*	楝科 Meliaceae	喜光,较耐湿
31	珙桐 *Davidia involucrata*	蓝果树科 Nyssaceae	不耐瘠薄,不耐干旱;幼苗生长缓慢,喜阴湿,成年树趋于喜光
32	蓝果树 *Nyssa sinensis*	蓝果树科 Nyssaceae	喜光,喜温暖湿润;较耐干旱、瘠薄,耐寒性、抗雪压强,有较好的耐阴性
33	紫椴 *Tilia amurensis*	椴树科 Tiliaceae	喜光也稍耐阴;对土壤要求比较严格,喜肥、喜排水良好的湿润土壤
34	椴树 *Tilia tuan*	椴树科 Tiliaceae	喜光,较耐阴,喜温凉湿润;对土壤要求严格,耐寒,抗毒性强,虫害少

序号	树种名	科名	生态习性
35	糙叶树 *Aphananthe aspera*	榆科 Ulmaceae	喜光也耐阴,喜温暖湿润;对土壤的要求不严,抗烟尘、抗有毒气体
36	榔榆 *Ulmus parvifolia*	榆科 Ulmaceae	喜温暖,喜光,耐干旱
37	大叶榉 *Zelkova schneideriana*	榆科 Ulmaceae	喜光,对烟尘、有毒气体有抗性;抗风能力强
38	榉树(光叶榉) *Zelkova serrata*	榆科 Ulmaceae	阳性,喜光,喜温暖;不耐干旱和贫瘠
39	厚朴 *Houpoea officinalis*	木兰科 Magnoliaceae	喜光,喜凉爽、湿润、多云雾、相对湿度大的气候环境
40	鹅掌楸 *Liriodendron chinense*	木兰科 Magnoliaceae	喜温暖,稍耐阴,不耐水湿
41	枳椇 *Hovenia acerba*	鼠李科 Rhamnaceae	喜光,耐寒,抗有毒气体
42	银杏 *Ginkgo biloba*	银杏科 Ginkgoaceae	喜光,耐干旱,不耐水涝,对大气污染有一定的抗性
43	香榧 *Torreya grandis*	红豆杉科 Taxaceae	喜温暖湿润,对土壤要求不高,适应性较强,耐干旱、贫瘠

6.3 作业设计

6.3.2 幼龄林阶段由于林木差异还不显著而难以区分个体间的优劣情况,不宜进行林木分类和分级,需要确定目的树种和培育目标。没有进行林木分类或分级的幼龄林,保留木顺序为:目的树种林木、辅助树种林木。

中龄林阶段由于个体的优劣关系已经明确而适用于进行基于林木分类（或分级）的生长伐，必要时进行补植，促进形成混交林。

中龄林阶段的所有林分均可以采取目标树经营作业系统的作业设计，林木类型划分为目标树、辅助树、干扰树和其他树。采伐木顺序为：干扰树、（必要时）其他树；保留木顺序为：目标树、辅助树、其他树。选择目标树的一般标准是：属于目的树种，生活力强，干材质量好，没有损伤，与周边其他相邻木相比具有最强的生活力。

中龄林阶段的单层同龄人工纯林采取常规人工林抚育作业体系的作业设计，林木级别分 5 级：Ⅰ级木、Ⅱ级木、Ⅲ级木、Ⅳ级木和Ⅴ级木，采伐顺序为：Ⅴ级木、Ⅳ级木、（必要时）Ⅲ级木；保留木顺序为：Ⅰ级木、Ⅱ级木、Ⅲ级木。

Ⅰ级木又称优势木，林木的直径最大，树高最高，树冠处于林冠上部，占用空间最大，受光最多，几乎不受挤压。

Ⅱ级木又称亚优势木，直径、树高仅次于优势木，树冠稍高于林冠层的平均高度，侧方稍受压。

Ⅲ级木又称中等木，直径、树高均为中等大小，树冠构成林冠主体，侧方受一定挤压。

Ⅳ级木又称被压木，树干纤细，树冠窄小且偏冠，树冠处于林冠平均高度以下，通常对光、营养的需求不足。

Ⅴ级木又称濒死木、枯死木，处于林冠层以下，接受不到正常的光照，生长衰弱，接近死亡或已经死亡。

6.3.3 作业设计按以下顺序汇编成册：作业设计封面、设计资质证书复印件（或林业主管部门法人证书复印件、林业主管部门授权书复印件）、设计单位与设计人员、作业设计说明书、森林抚育作业设计汇总表、森林抚育作业设计一览表、森林抚育小班外业调查表、森林抚育小班样地每木调查表、森林抚育小班样地每木调查汇总表、作业区位置示意图、作业设计图。

6.6　检查验收

6.6.2　号木合格是指严格按照抚育作业设计选择采伐木,不存在采大留小、采好留坏、应采未采、乱开林窗、越界采伐等问题。

7 病虫害防治

7.0.1 提倡使用生物、物理和人工防治方法，目的是减少化学农药对林木健康生长潜在影响和降低使用化学农药对环境的污染。

8 林地设施维护

本章内容系按照市委、市政府《2019—2021 年本市推进林业健康发展促进生态文明建设的若干政策措施》（沪发改地区〔2019〕12 号）、《上海市森林管理规定》、《关于完善设施农用地管理促进设施农业健康发展的通知》（沪规划资源施〔2020〕591号）和《生态公益林建设技术规程》DG/TJ 08—2058—2017 提出林地设施建设要求而设立。

9 防灾减灾

防灾减灾是指灾害发生前一切有助于防止灾害发生和减少灾害损失的工作和活动。本市生态公益林中涉及的防灾减灾主要工作包括防火、防风和防冻等。

附录 A 生态公益林养护质量标准

    表 A 中养护内容的设置，主要以促进林木生长、提高林分质量、管好森林资源为目标，按上海生态公益林养护的组成元素，从林地管理、设施维护和专项管理三方面综合考虑，确定了林相结构、林木生长、林内保洁、道路和沟渠、病虫害防治、杂灌/草控制、防灾减灾和档案管理为生态公益林养护内容。

附录 C 上海市生态公益林主要养护工作月历

表 C 根据上海地区生态公益林特点,对生态公益林主要养护的作业时间进行了规定,以帮助养护单位制订科学、合理的年度养护工作计划,并在相应时间段内合理安排养护作业,提高生态公益林养护技术水平。

附录 D　生态公益林抚育外业调查表

　　表 D.1 生态公益林抚育小班外业调查汇总表是对需要抚育的小班进行汇总统计,平均树高、平均胸径为主要树种的指标,郁闭度、株数、蓄积等为整个林分的综合指标。平均树高、平均胸径、株数、密度由表 D.2 生态公益林抚育小班样地(样线)每木调查表后计算得出。蓄积根据平均胸径按相应树种一元材积计算得出。表 D.3 间伐小班样地(样线)每木调查表中保留木株数为间伐小班中需要保留的相应树种在不同径阶的总株数,保留木材积为间伐小班中需要保留的相应树种在不同径阶的总材积。

附录 E　上海市生态公益林主要病虫害防治月历

　　表 E 是根据上海市林业病虫防治检疫站历年来对上海地区生态公益林主要病虫监测结果而制定。上海地区生态公益林病虫害主要发生在 3—9 月,根据本市生态公益林主要造林树种种类,主要病虫种类有食叶类害虫、蛀干类害虫、刺吸类害虫以及病害等。根据各类病虫的生物学特性,制定了上海市生态公益林主要病虫害防治月历。